惊奇透视百科

城市的秘密

冰河 编著

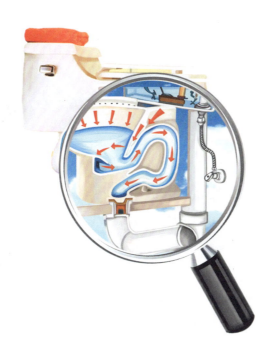

清华大学出版社

北京

图书在版编目（CIP）数据

城市的秘密 ／ 冰河编著. — 北京 ：清华大学出版社，2019（2022.12重印）
（惊奇透视百科）
ISBN 978-7-302-42809-1

Ⅰ．①城… Ⅱ．①冰… Ⅲ．①市政工程－地下管道－儿童读物 Ⅳ．①TU990.3-49

中国版本图书馆CIP数据核字(2016)第020173号

责任编辑：冯海燕
封面设计：鞠一村
责任校对：王荣静
责任印制：宋　林
出版发行：清华大学出版社
　　　　　网　　　址：http://www.tup.com.cn，http://www.wqbook.com
　　　　　地　　　址：北京清华大学学研大厦A座　　　　邮　　编：100084
　　　　　社 总 机：010-83470000　　　　　　　　邮　　购：010-62786544
　　　　　投稿与读者服务：010-62776969，c-service@tup.tsinghua.edu.cn
　　　　　质量反馈：010-62772015，zhiliang@tup.tsinghua.edu.cn
印 装 者：小森印刷霸州有限公司
经　　销：全国新华书店
开　　本：185mm×260mm　　　　　　　　　　印　　张：4
版　　次：2019年1月第1版　　　　　　　　　　印　　次：2022年12月第2次印刷
定　　价：29.80元

产品编号：063748-02

目 录

城市里的秘密

在城市里，我们每天会接触很多事物，比如，自来水、红绿灯、地铁、垃圾和门铃等，它们成了我们生活中的一部分。但我们有时会疑惑：自来水是怎么来的？红绿灯如何改变顺序？门铃为什么会响？垃圾被运走后去哪里了？落到地面上的雨水为什么会消失？地铁的列车白天忙碌工作，晚上在哪里呢……

本书将为你揭开城市生活的神秘一角，让你知道，原本看似平淡无奇的事物，其实还藏着很多未知的东西。让我们一起打开本书，去看看城市里的秘密吧！

生活污水去哪里了

日常生活中会产生很多的污水，它们被倒掉后，就流进了下水管道。通过下水管道流出房屋，汇入地下宽宽的排水沟，再流进污水处理厂。在那里，污水会被净化，不久以后，它们又变得清澈洁净了。

你还想知道

生活污水最大的特点是含氮、硫和磷较高，在厌氧细菌作用下，容易产生恶臭物质，给人们的生活带来不便。

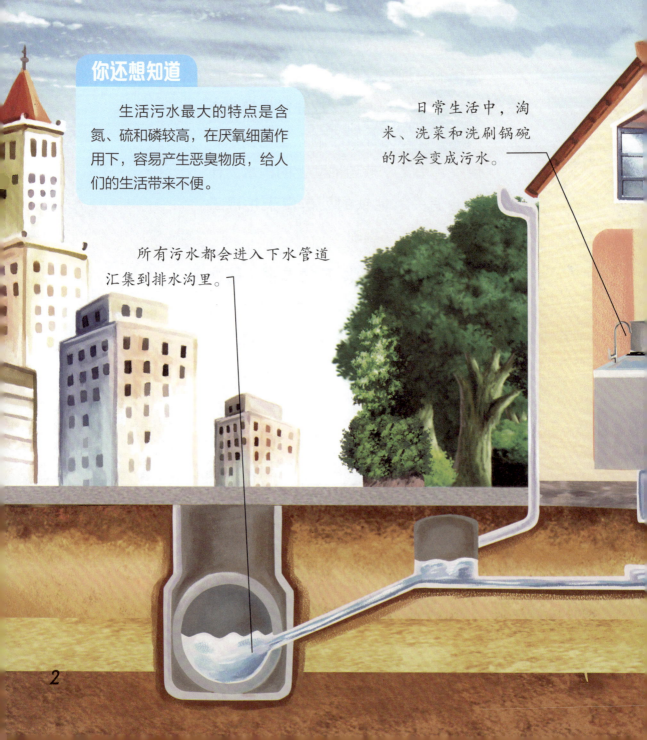

日常生活中，淘米、洗菜和洗刷锅碗的水会变成污水。

所有污水都会进入下水管道汇集到排水沟里。

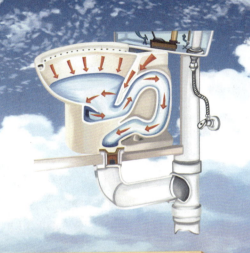

洗衣服后排放的污水流进了下水管道。

洗澡后产生的污水流进了下水管道。

冲马桶的污水流进下水管道。

3

污水汇入了更粗的管道

如果挖开城市的道路，我们会发现里面是由各类管道、线缆、隧道构成的复杂"网络"。地面上的污水通过下水道，或者排水篦子排掉后，会流到排水管道中。每条街道的排水管道又连着更粗的管道，污水会汇集在那里。

检查井一般设在管道交汇处或转弯处，盖有铁制井盖。

真是不可思议

污水中含有很多有机物，这些有机物在分解过程中会消耗水中的溶解氧，致使水中含氧量越来越低。在缺氧条件下，污染物就会腐烂，恶化水质。

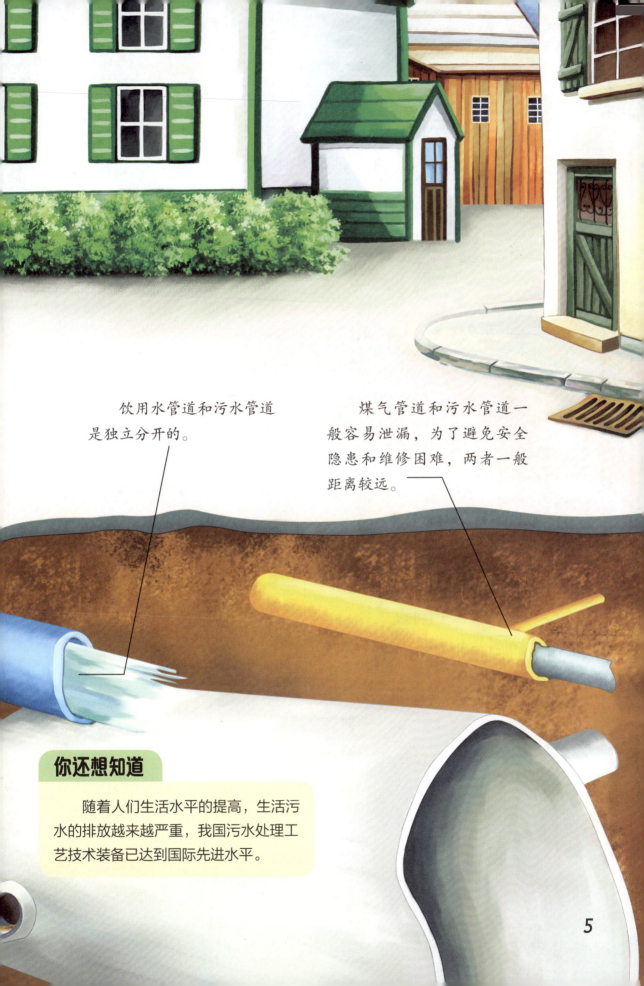

饮用水管道和污水管道是独立分开的。

煤气管道和污水管道一般容易泄漏，为了避免安全隐患和维修困难，两者一般距离较远。

你还想知道

随着人们生活水平的提高，生活污水的排放越来越严重，我国污水处理工艺技术装备已达到国际先进水平。

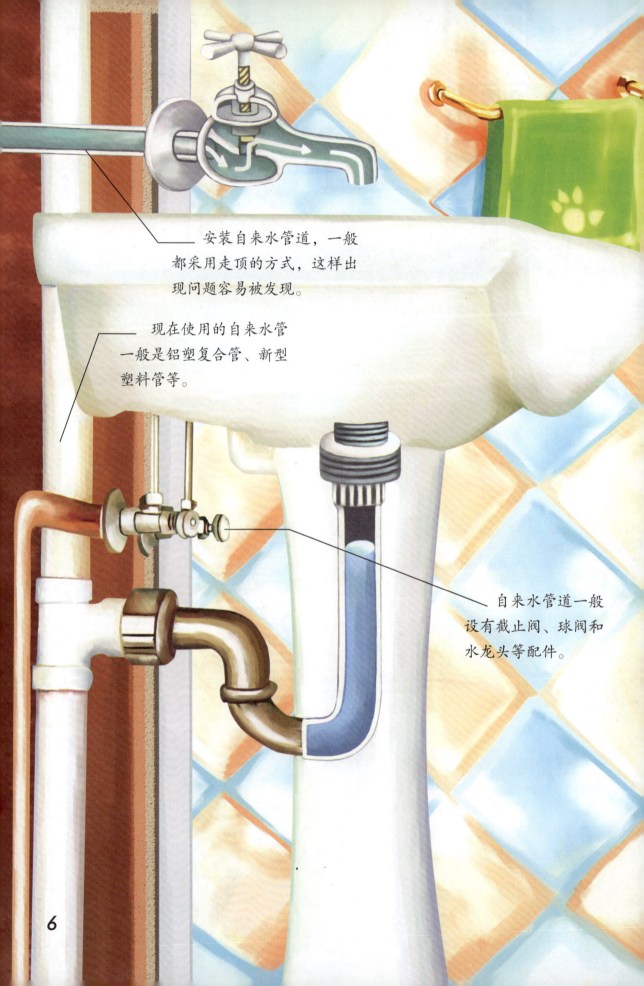

安装自来水管道，一般
都采用走顶的方式，这样出
现问题容易被发现。

现在使用的自来水管
一般是铝塑复合管、新型
塑料管等。

自来水管道一般
设有截止阀、球阀和
水龙头等配件。

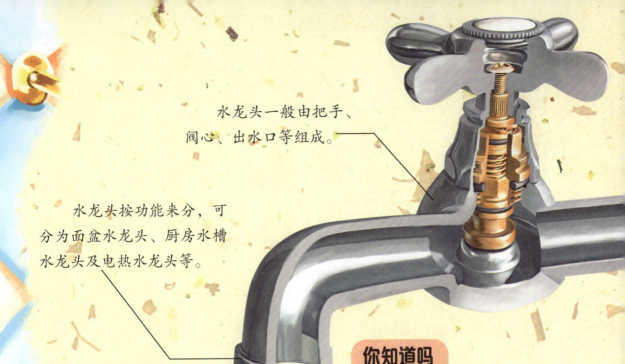

水龙头一般由把手、阀心、出水口等组成。

水龙头按功能来分，可分为面盆水龙头、厨房水槽水龙头及电热水龙头等。

你知道吗

水龙头最早出现于16世纪的伊斯坦布尔，那时的水龙头是用青铜浇铸的，后来改用黄铜。

自来水管道及自来水龙头

自来水管道就像网络一样分布在城市的地下，它们把水从自来水厂运来，分送到千家万户，在房屋内和水龙头连接。当需要用水时，只需轻轻打开水龙头，就会有哗哗的水流出来。

真是不可思议

过去，大多数水龙头都是螺旋式水龙头，这种水龙头要旋转很多圈才能开启，较为麻烦。随着技术的发展，出现了扳手式水龙头、抬启式水龙头和感应水龙头。感应水龙头使用非常方便，而且节水效果明显。

用电表及配电箱

电表只记录电器消耗的有功电能。

电表几乎每家都有一个，它里面有表盘和指针，当我们打开电灯或电视的时候，那些指针就会一点点地移动，记录用电的量。配电箱一般是一个很大的铁制盒子，当线路出现故障时，会发出报警信号。

家用电表，一般都有刻度盘、指针、线圈、接线口和出线口。

常用的配电箱是金属制成的。

配电箱的作用是合理的分配电能，方便对电路的开合操作。

你知道吗

智能电表怎么看？
液晶屏会显示总有电量和剩余电量，直接读数就可以。

你还想知道

农村的配电箱大多设在室外，它不但会受到阳光的直接照射产生高温，同时运行时自身也会产生热量。所以在盛夏高温季节，一定要对配电箱采取降温措施。

房子的电线走向

房子里有电线的总路，在那里像大树一样有很多分支电线，它们沿着墙壁排列，或者铺设在墙内，就像交错的蜘蛛网一样。这些电线最后和插座相连，有的把电送到卧室，有的把电送到客厅，还有的把电送到厨房和卫生间。

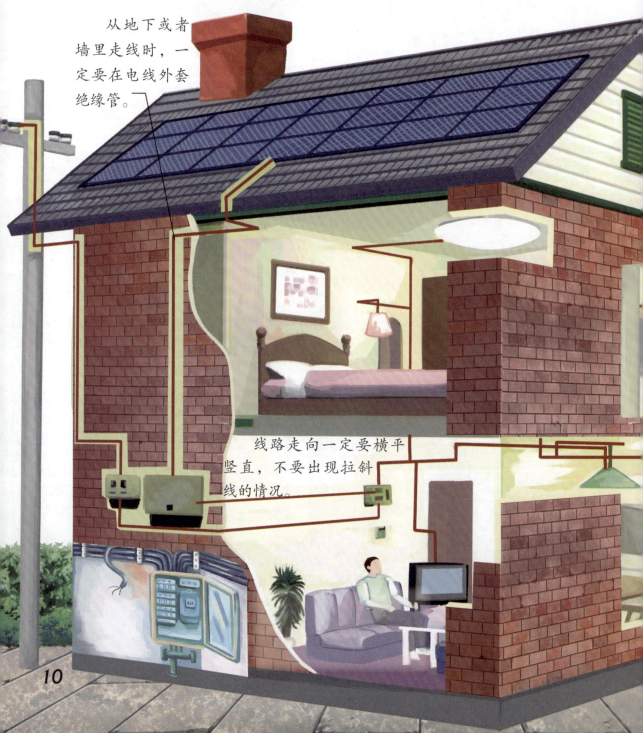

从地下或者墙里走线时，一定要在电线外套绝缘管。

线路走向一定要横平竖直，不要出现拉斜线的情况。

真是不可思议

电线的绝缘套管一定要留出一定的空间。因为电线在工作时会产生很大热量，如果套管内电线空间不够，过于拥挤，会减少电线的散热空间，影响使用寿命。

你还想知道

在平时的生活中，我们都会用到冰箱、烤箱和空调，由于这些电器是大功率电器，所以一定要单独使用一个线路。

强电和弱电不能交叉分布，更不能使用同一个布线盒。

厨房、卫生间一般不能在地面排电线，而是要在沿屋顶的墙壁走线。

家里的门铃

如今很多家庭都使用无线可视门铃，而早期人们使用的是有线门铃。当有人按动有线门铃的按钮时，发声装置内会接通电路，电流流向线圈制造出磁场，磁场会吸引铁制的小钟槌不断敲打铃铛，这样门铃就会发出丁零零的声音。

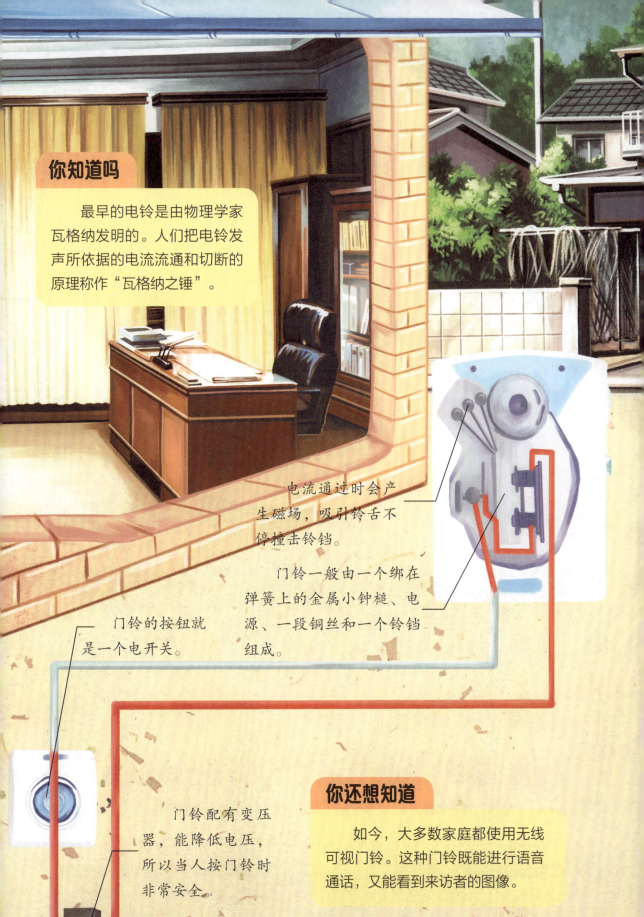

你知道吗

　　最早的电铃是由物理学家瓦格纳发明的。人们把电铃发声所依据的电流流通和切断的原理称作"瓦格纳之锤"。

电流通过时会产生磁场，吸引铃舌不停撞击铃铛。

门铃一般由一个绑在弹簧上的金属小钟槌、电源、一段铜丝和一个铃铛组成。

门铃的按钮就是一个电开关。

门铃配有变压器，能降低电压，所以当人按门铃时非常安全。

你还想知道

　　如今，大多数家庭都使用无线可视门铃。这种门铃既能进行语音通话，又能看到来访者的图像。

两根支撑灯丝的金属架在灯头处与两个金属接触点相连。

一般来说，电灯的瓦数越大，亮度就越大，瓦数越小，亮度也就越小。

电灯

当我们打开餐厅、卧室的电灯开关，屋里会一下子明亮起来，然后我们可以做很多事情。但是如果没有灯光，房间就会变得黑漆漆的，什么也看不见，什么也不能干，生活很不方便。

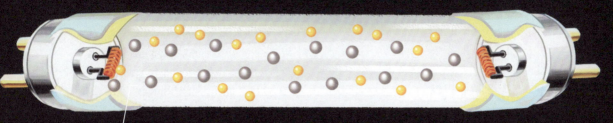

荧光灯的灯管内充有微量的氩气和汞蒸汽，灯管内壁涂有荧光粉。两个灯丝之间的气体导电时会发出紫外线，使荧光粉发出柔和的可见光。

如今，节能灯是最常见的电灯，它一般是由毛管、塑料件及电子元件、灯头三部分组成。

你还想知道

现在新式的电灯种类很多，例如节能灯、荧光灯和LED灯。

你知道吗

一盏白炽灯消耗的能量当中，有95%都转化成了热能，只有5%转化成了光能。这样看来，白炽灯不仅是个光源，更是个热源。

白炽灯的灯泡的中心有一段灯丝，它能让电灯发光。灯丝一般是用金属钨做成的。

暖气

北方的冬天非常寒冷，室内通常需要供暖设施。被加热的水或者水蒸气，通过供暖管道送到每家的暖气片中，暖气片可以加热空气，让室内温度升高，变得暖和起来。

水在暖气公司被加热后，通过进水管送到暖气片中，暖气片是由易于导热的金属制成的，可以很快将热量散发到房间里。

暖气供应装置包括暖气片、进水管和出水管，有的还设有温控阀。

你知道吗

人们习惯把湿的衣物放在暖气片上，这样不仅能烘干衣物，还能给室内加湿。不过，衣物最好是漂洗干净的，否则上面的脏东西、洗涤剂会随水汽飘散到室内空气中，容易滋生细菌。

暖气片的热水逐渐变冷后，就会顺着出水管流回暖气公司，被重新加热利用。

温控阀上有1到5的数字，数字3对应的温度大约是20℃。

16

你还想知道

如果将温控阀设置在一个特定的温度,那么房间里就会一直保持这个温度。

火车站

火车站有售票处、候车室、行李寄存处、餐厅等地方，乘客应当先购票，根据票上的信息，到指定的候车室候车。列车快进站时，工作人员会通过车站广播告知乘客，然后提前检票来到月台。等列车到达开门后，乘客就可以上车了。

你还想知道

要说到最古老、最华丽的火车站，应该属印度孟买的维多利亚火车站了。这座火车站建成于1887年，是为了纪念维多利亚女王就位50周年而命名的。

19

街道上的雨水通过污水管道
篦子流到下水道。

雨水通过房屋的雨水管，流
到地面，又流到下水道里。

18

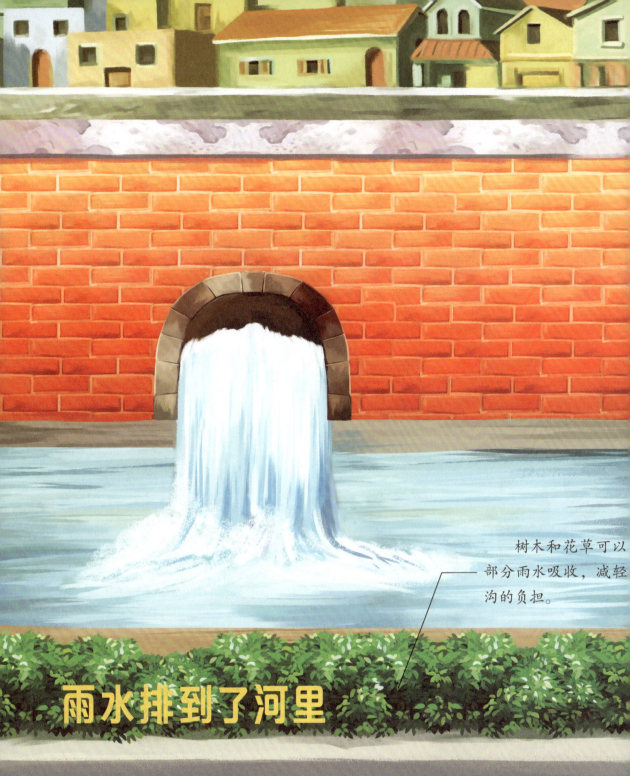

树木和花草可以部分雨水吸收，减轻沟的负担。

雨水排到了河里

下雨的时候，雨水会一点点地汇集，慢慢形成流淌的水流。在街道的两旁，相隔不远的地方会有排水的篦子，这些篦子所在的位置较低，水流会流向这里进入排水沟。进入排水沟的雨水流进粗大的管道，最后一起流向河流。

列车停靠在车站后，会留出充足时间让乘客检票上车。当到发车时间时，会准时开出，不会等待晚来的乘客。

21

真是不可思议

由于火车的重量很大，运行速度又很快，所以火车刹车的时间通常较长。为了保证安全刹车进站，很多火车往往距离车站数千米便开始刹车。

大型火车站的候车厅设有乘客中心，能够为乘客解答有关行程和线路问题。乘客中心还提供免费的小册子，上面有常见问题的详细解答等。

雨水去哪里了

下雨了，地面上到处都是雨水，但是过不了多久，雨水都不见了。它们有的流进下水道；有的停留在地面，变成小水坑；有的渗进地下，然后被树木、花草等植物从土壤里吸收了。

雨水被院子里植物的根部吸收了。

你知道吗

在山区，雨水会形成很多条小溪，小溪汇聚成大江大河，最后又以汹涌的水势奔向大海。不管它跑到什么地方，一部分水可能蒸发到空中形成云，之后变成雨、变成雪、变成冰雹落在地面上，又开始了新一轮的循环。

你还想知道

有人认为，雨水看起来很干净，可以直接饮用，其实，它并不干净，它是地球的水循环，含有矿物质，直接饮用对身体有危害。

地面上的雨水会汇集流入排水沟。

房顶上的雨水也会流下，进入排水沟。

进入排水沟里的雨水最终会流入河中。

你还想知道

雨水冲刷房屋和地面后，含有的有机物会增加，排到河里后会给水体带来一定的污染。

真是不可思议

雨水是很好的淡水资源，安装雨水收集系统，雨水就可以回收利用了。

垃圾去哪里了

吃剩下的口香糖纸，剥掉的香蕉皮，还有不能穿的衣服、鞋子等，它们被扔掉后，就变成了垃圾。这些垃圾被扔在垃圾箱里，然后被垃圾车运到垃圾处理站，有的可以回收再利用，有的被焚烧，有的则被掩埋于地下。

你还想知道

用生物垃圾堆肥时，内部会自行发热，产生的高温会使垃圾腐烂并杀死有害的病菌。堆肥一般会持续几个月，人们会不停地堆翻肥料堆，从外面到里面，再从里面到外面。等堆肥完成后，人们就可以购买这些肥料为植物施肥了。

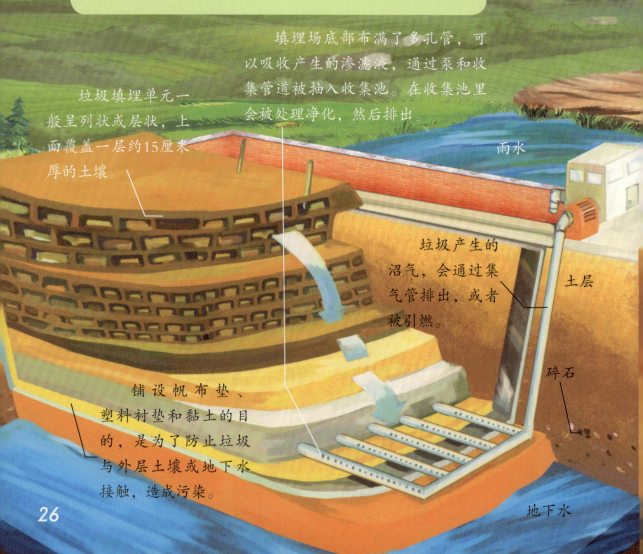

填埋场底部布满了多孔管，可以吸收产生的渗滤液，通过泵和收集管道被抽入收集池。在收集池里会被处理净化，然后排出。

垃圾填埋单元一般呈列状或层状，上面覆盖一层约15厘米厚的土壤。

雨水

垃圾产生的沼气，会通过集气管排出，或者被引燃。

土层

铺设帆布垫、塑料衬垫和黏土的目的，是为了防止垃圾与外层土壤或地下水接触，造成污染。

碎石

地下水

真是不可思议

利用废纸为原料生产出来的纸张叫作"环保纸"或"再生纸"。在德国，再生纸的包装上会做出相应标记，很容易分辨出来。

慢慢分解的垃圾

十字路口的红绿灯

　　" 红灯停，绿灯行，黄灯也要等一等 …… " 在城市的很多十字路口，都设有红绿灯，不管是步行还是开车，都要遵守红绿灯的指示，红灯亮时要耐心等待，让其他行人或车辆先行，只有当绿灯亮时才可以通过。

红绿灯会有一段缓冲时间，那段时间内，所有的信号灯都会变成红色。

十字路口的红绿灯的时间间隔一般和路况及车流量相关。

监测器

红灯代表禁止通行

黄灯提醒

绿灯代表允许通行

安装着电子元件的控制箱通常放置在马路边上，它与交通控制中心相连，从而有效地监控交通流量情况。

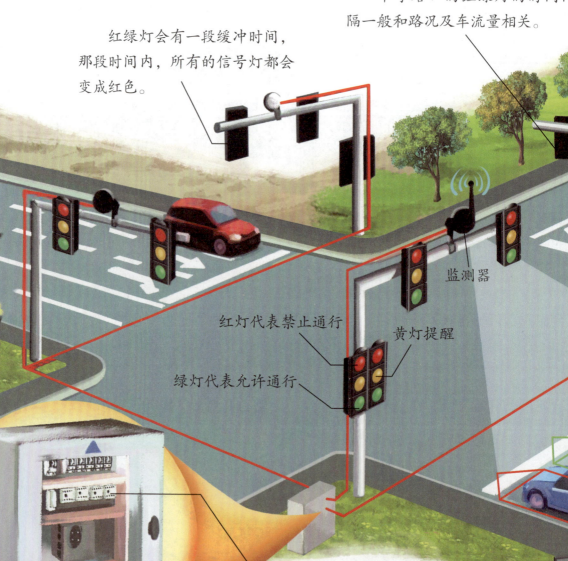

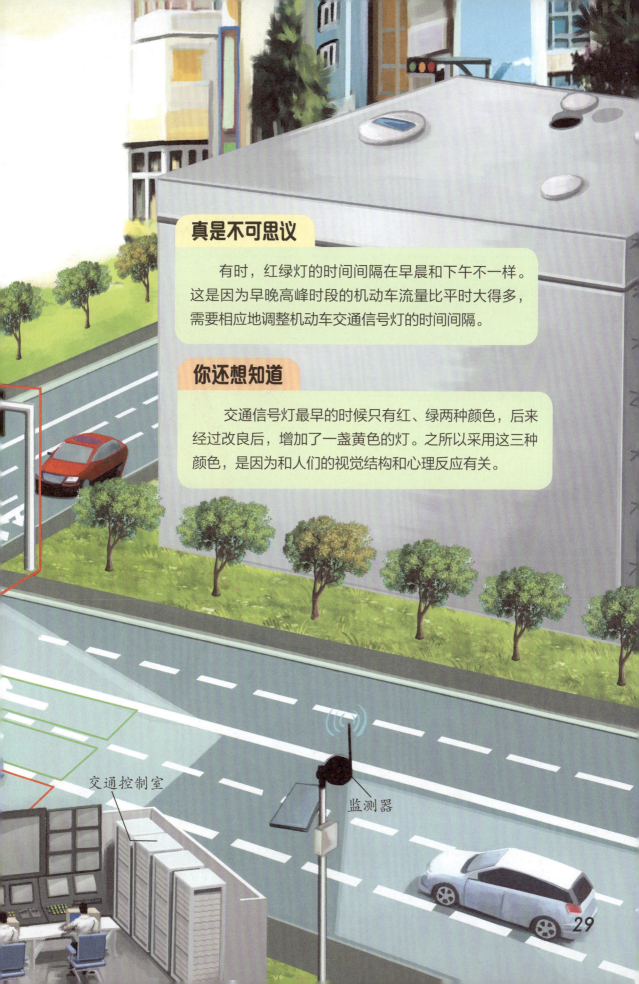

真是不可思议

　　有时，红绿灯的时间间隔在早晨和下午不一样。这是因为早晚高峰时段的机动车流量比平时大得多，需要相应地调整机动车交通信号灯的时间间隔。

你还想知道

　　交通信号灯最早的时候只有红、绿两种颜色，后来经过改良后，增加了一盏黄色的灯。之所以采用这三种颜色，是因为和人们的视觉结构和心理反应有关。

交通控制室

监测器

过山车

过山车的轨道是曲线的，由钢管固定在钢架上，而车厢的轮子就像火车的凹槽轮子一样，稳稳架在轨道上，不会脱轨跑到外面去。过山车一般从较高的轨道上滑下，依靠自身的重力获得前进的速度，最后由于摩擦力，能量会渐渐消耗，最终停下来。

你还想知道

日本长岛温泉游乐园中的过山车Steel Dragon 2000，全长2479米，是目前世界上最长的过山车。

过山车的轮子有凹槽，架在轨道上。

过山车的轨道像山丘一样越来越低。

真是不可思议

美国纽约的科尼艾兰是过山车的发源地。1884年，美国的第一部过山车在这里诞生。

大部分过山车的每个车厢可容纳2～8人。

过山车的车厢用钩子相互连接起来，就像火车一样。

过山车利用重力和惯性行进。

31

旋转木马

旋转木马的顶部有彩色的锥形顶棚，跟小屋的屋顶一样，顶棚固定在一根轴上，当发动机启动后，轴会快速转动起来，并带动顶棚转动，这样通过绳索与顶棚连接的木马也就转动起来。在转动的过程中，顶棚会出现闪烁的彩色灯光，还伴有动人的音乐声。

真是不可思议

在19世纪的欧洲，小店主流行在店门口摆木马摇椅，之后有人把木马椅用木架托起来，围成圆圈，让它们转起来，这就是最早的旋转木马。

1　旋转木马是一个旋转游戏。

2　旋转木马转动后，会亮起灯光，响起音乐，
　　铃铛也会叮叮当当响个不停。

3　旋转木马的大平台上有装饰成木马的座位，
　　还能上下移动。

你还想知道

　　第一个以蒸汽推动的旋转木马，约1860年在欧洲出现。

摩天轮

摩天轮就像一个大大的车轮，通过支架固定在地面，支架连接着转动轴，在电动机开启后，转动轴就会慢慢转动起来。转动轴上面相连着很多的钢索，转动轴的转动，提供给钢索旋转力，从而带动钢索另一端座舱的转动。

真是不可思议

最早的摩天轮由美国人乔治·法利士在1893年为芝加哥的哥伦布纪念博览会设计，日后人们皆以"法利士巨轮"来称呼摩天轮。

你还想知道

苏州摩天轮位于苏州园区金鸡湖边，高度达到120米，是目前世界最大的水上摩天轮。

34

摩天轮的一个座
舱可以同时供一人或
多人乘坐。

有个美丽的传说，
就是摩天轮的每个盒子
里都装满了幸福。

摩天轮一般是由支柱、
圆形的转轮和座舱构成。

摩天轮是用电动机通过减
速器减速，使其低速转动。

35

碰碰车

碰碰车像一只大鞋子一样，在地上滑行。驾驶者通过方向盘来控制它，可以横冲直撞，把别的车碰开，由于车身四周有用橡胶做的防护"围裙"，就算车身碰撞猛烈，驾驶者也会安然无恙。

你还想知道

碰碰车如何后退呢？其实很简单，反方向打方向盘即可。如果控制得好的话，可以在游乐场表演华丽的倒车。

2

真是不可思议

　　乘坐碰碰车时必须系好安全带，行车中不得解开安全带。车行驶时不得站立或离座，车辆停稳后方可下车。

1　碰碰车上面的天花板配有电网，通过与天花板相连的竖直电杆取电。

2　车上一般可以坐两个人，有加速的脚踏和转向的方向盘。

3　碰碰车的四周装有橡胶围裙，在和其他车碰撞时可以减少受力，避免人和车受伤。

海盗船

海盗船是因为外形像古代海盗驾驶的船而得名的。它的船身被支架牢牢固定着，通过连接杆做来回摆动，像荡秋千一样。坐在里面的人会跟着海盗船来回摇摆，上下起伏。

真是不可思议

在乘坐海盗船的时候，一定要系好安全带，否则可能会因海盗船的速度变化而被海盗船甩出去。

你还想知道

海盗船在下降时我们会感觉很难受，这是因为在下降过程中我们的身体会失重，所以会感到身体不适。

1. 海盗船是一种绕水平轴往复摆动的游乐项目。

2. 海盗船由安全压杠、船体摆动限位装置、吊挂装置保险措施等构成。

3. 海盗船大多数总高度15米，最高运行速度32km/h，最大摆角约60度。

行李安检仪

行李安检仪有一双"透视眼"——X光。背包和行李箱放在传送带上后，会被送到X光机里，经过X光的照射，会看到里面物体的形状和种类。X光机连接着电脑，然后把看到的物体图像发送到电脑上，这样工作人员就能知道背包和行李箱里有什么东西了。

行李箱被传送带送到X光机里，X光会看到里面物品的形状和种类。

行李安检仪是一种X光安检仪。

在电脑显示屏上，金属物品会呈现蓝色，有些食品会呈现橘红色等。

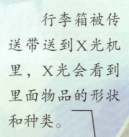

你知道吗

一些常见的危险物品会被行李安检仪发现，不能通过安检，如刀具、烟花爆竹、汽油等。

安检仪储存了危险物品图像数据库，安检仪会将背包里的所有物品和数据库中的图像进行比对，以发现有无危险物品。

真是不可思议

安检仪是X光机器。当行李箱没有从另一端出来时，一定不要把手伸进去找，因为那样会受到X光线的辐射，有害健康。

安检门

在乘坐火车或飞机时，都会经过安检门的检查。安检门是个厉害的家伙，人只要从它下面经过，身上携带的金属物品就会被发现。哪怕一根别针，它也会发出报警信号，然后，工作人员就会寻找违禁物品。

真是不可思议

通过安检门时，要依次排队通过，不能拥挤，不能故意慢行。不报警时，前一人走出门外第二人即可通过；报警时，需等报警声停止后，方能通过。

你知道吗

除全防雨型安检门外，其他型号安检门都不能淋雨，露天使用必须加盖雨棚。

1　安检门周围1米内不能有大型金属物体，如大铁门、电梯、大铁柱等。

2　安检门的电磁辐射微乎其微，不会对人体造成伤害。

3　人们通过安检门时不能碰撞门体。

4　安检门安装必须牢固，避免碰撞引起门体晃动。

43

飞机牵引车及飞机场驱鸟车

飞机从停机坪来到跑道时，如果主发动机工作就会燃烧大量燃油，产生浪费和污染，另外飞机也没有"倒车"的功能，所以飞机牵引车就应运而生。驱鸟车就像它的名字一样，是飞机场用来驱离飞鸟的车。它把几种驱鸟设备集成在一台车上，在巡场的时候，车上的各种设备会发出爆炸声把鸟儿吓走，也会发出仿真天敌的叫声让鸟儿飞走，这样就达到驱鸟的目的了。

1　驱鸟车一般是由皮卡车改装的。工作人员只需操作按键，就能控制驱鸟设备。

2　音频系统靠发出鸟类天敌的叫声或同类的悲鸣声，来恐吓、驱赶鸟类。

3　驱鸟炮通过向高空中发射炮弹，利用其发出的巨大声响，来达到驱赶鸟类的目的。

4　飞机牵引车具有很大的动力，通过一个牵引杆连接飞机，就能把它拉出停机坪。

真是不可思议

有一些飞机场还采用传统的稻草人驱鸟，把稻草扎成人的模样，吊在空中随风飘动来驱鸟。

你知道吗

飞机牵引车可分为无杆牵引和有杆牵引两类。有杆飞机牵引车靠一根连接杆与飞机连接，牵引飞机时连接杆受力；无杆飞机牵引车不需要使用连接杆，直接将飞机前轮抱起。

除雪车可以连续工作，大大节省了人力和物力。

除雪车还会喷洒防冻液，以避免融化的雪水结冰。

飞机场除雪车

每到下大雪时，机场跑道和飞机上就会落满厚厚的雪，致使航班延误。这时候机场就会出动除雪车，它会向飞机和跑道喷洒除雪液，将积雪融化，然后再喷洒防冻液，避免融化的雪水结冰。等这些工作进行完，机场跑道和飞机又变得干干净净的。

除雪车有高空作业装置，工作人员站在上面通过喷管向积雪喷洒除雪液，能将冰雪融化。

除雪车一般由重型或中型卡车驱动。

真是不可思议

目前，我国除雪方法主要是人工法。这种方法效率低，往往雪还没有被清理完，就被来往的车辆压实，从而又增加了清雪难度。

你知道吗

除雪车一般都带有照明灯，有时为了不影响飞机的运行，机场会在夜间用除雪车把积雪清除掉。

飞机场行李车及食品车

乘坐飞机时，乘客的大件行李需托运，在办理完托运手续后，行李会由行李车送进飞机的货舱，然后和乘客一起飞到目的地。飞机上为乘客提供美味可口的食物，那都是食品车的功劳。飞机场食品车内配有冷冻设备，可以根据不同的食品，来调整温度的高低，从而保证食品的原有味道，然后通过一个可以升降的平台，将食品送到客机的机舱内。

行李车上有传送平台，可以与飞机货舱实现对接，完成行李的装卸。

行李车是机场的专用车辆，主要用于装卸行李、包裹和货物等。

48

机场里除了有行李车和食品车外，还有飞机清水车、飞机污水车、飞机除冰车等。

大容量的食品车的价格往往可以达到几百万元一台。

飞机场食品车是为民航客机上的旅客提供食品的车辆，通常采用液压传动，剪式升降。

飞机场食品车设计有后平台，装卸货物更加方便。后平台采用多套保护装置和应急装置，实用安全可靠。

49

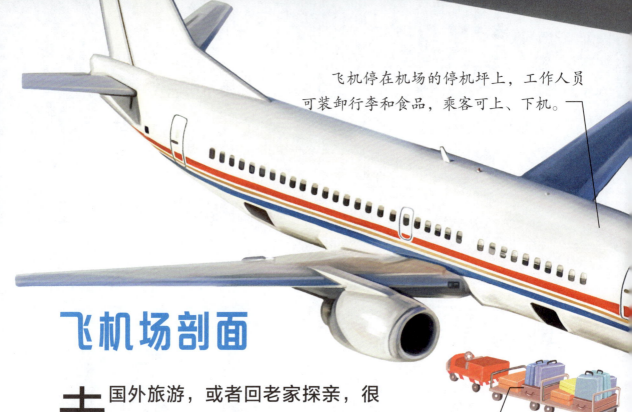

飞机停在机场的停机坪上，工作人员可装卸行李和食品，乘客可上、下机。

飞机场剖面

去国外旅游，或者回老家探亲，很多人都会选择乘坐飞机。乘客要先出示有效的机票和证件，在机场办理登机手续，然后要托运行李，工作人员会根据乘客抵达的机场，给行李贴上不同的托运标签，同时给乘客一个行李牌。之后，乘客就可以进站登机，当到达目的地以后，就可以凭着行李牌取走自己的行李。

行李车会把安检过的行李箱运走，然后送到相应的飞机货舱里。

你知道吗

在乘坐飞机时，如果乘客行李托运标签上的信息写错了，行李箱被送到了错误的行李传送带上，此时不用着急，应立即去找咨询台的工作人员咨询，在他们的帮助下，丢失的行李会在48小时内找到。

行李箱上会贴上托运标签，标签上写有乘客的姓名、所乘飞机的航班号，以及抵达的机场。

50

空中交通管制员通过雷达和无线电通讯系统，监控着飞机起降的情况。

乘客通过安检门安检以后，才能登机。

真是不可思议

　　一架飞机降落时，如果有其他的飞机也需要降落，这时候指挥塔中的领航员就会下达指令，让一架飞机先降落，其他飞机等待降落。这时候，不能降落的飞机的飞行员要驾驶飞机绕着机场上空盘旋，直到接到能降落的通知。

51

地铁自动检票

日常出行时，我们经常会选择坐地铁。地铁实行自动检票，把磁卡放在读卡器位置上，读卡成功后，翼闸会打开，乘客就可以过去。乘客通过以后，传感器传递信号，翼闸会重新关上，当下一个乘客刷卡的时候，翼闸又会再次打开。

乘客进出站需要在读卡器上刷卡，读完卡以后，乘客才可以进站、出站。

真是不可思议

自动售检票系统，不仅在轨道交通地铁站广泛使用，电影院、体育馆、歌剧院、火车站、机场也开始逐渐使用。

你知道吗

地铁站里的自动售票机和自动充值机不仅可以售票和充值，还可以有效识别纸币和硬币的真伪，真是个厉害的家伙。

地铁自动检票闸机一般由读卡器、单程票插票口、翼闸、传感器和退票口组成。

翼闸是阻挡或放行乘客的装置。

一张卡一次只能通过一人。

53

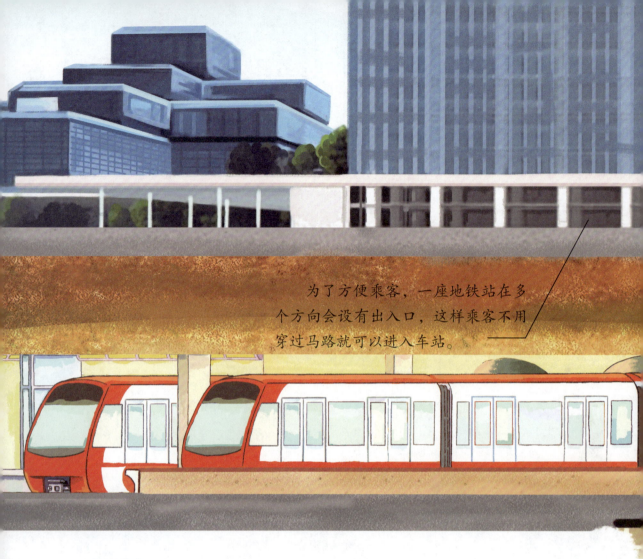

为了方便乘客，一座地铁站在多个方向会设有出入口，这样乘客不用穿过马路就可以进入车站。

地铁站剖面

地铁站在城市里很常见，乘客只要把磁卡放在闸机刷卡的位置一刷，就可以进站。乘客需站在安全线外等待列车，当列车进站停稳后，屏蔽门和车门会打开，这时乘客就可以依次上车。地铁站设有地下通道，行人可以穿过去，直接来到对面的马路上。

真是不可思议

伦敦地铁是世界上最早的地铁，而巴黎地铁则是浪漫的代表。

地铁站的通道有时会通向重要的建筑物或商店。

为了乘客搭乘方便，地铁站里一般设有自动扶梯、楼梯及升降电梯。

你知道吗

南京地铁新街口站是目前亚洲最大的地铁站，是南京地铁1号线和南京地铁2号线的换乘站。此站共有24个出口，1、2号线站台都是岛式站台设计，均在地下。

地铁站一般分有大堂和月台。

地铁车辆段

地铁车辆段是地铁列车"睡觉"的地方。地铁列车白天不停地行驶在轨道上，把乘客送到不同的地铁站，而到了深夜，列车就停止运行，停靠在地铁车辆段内，接受工作人员的检查养护。第二天清晨，地铁列车从那里驶出，又开始新一天的运行。

在地铁车辆内，工作人员会列车进行清扫刷，确保车厢内净清洁。

每天清晨，地铁列车从车辆段内开出，开始新一天的运行。

真是不可思议

如果地铁运行线路较长，为了有利于运营和分担车辆的检查清洗工作量，可在线路的另一端设地铁车辆段，负责部分车辆的停放、维护等。

你还想知道

列车正常运行时，利用列车产生的活塞风与室外空气进行置换，来排出异味，改善车内空气质量。对不设隔墙的两站区间，正常运行时也需要采用机械通风方式，从车站两端的风井进风，使用风机排风。

地铁列车在结束一天的运营后，就会停在车辆段内。

城市小百科

游乐场

　　游乐场是城市必不可少的设施，是让儿童、市民开开心心玩耍的地方。除了有旋转木马、摩天轮、3D电影以外，通常还会有跷跷板、秋千、滑梯及迷宫等。

电来自哪里

　　发电站一般采用水力或火力发电。发电站将发的电通过高压线输送到城市里，再通过变压器分送到千家万户，供人们生产和生活使用。

轻轨

　　轻轨是城市轨道建设的一种重要形式。轻轨的机车重量和载客量比一般列车小，所使用的铁轨质量较轻，每米只有50千克，因此称为"轻轨"。

下水道

　　下水道是排放污水和污物的公共设施，早在古罗马时期就已经出现。近代下水道的雏形源于法国巴黎，至今巴黎仍拥有世界上最大的城市下水道系统。

生物驱鸟

选择本地鸟类不喜欢的草种、树种进行机场的绿化，及时处理机场草坪，让鸟类无法藏身，清理机场附近的湿地、树林等适宜鸟类栖息的环境。另外，还可以在机场较远地区建立鸟类保护区，把鸟类吸引走。

酸雨

雨水在降落的过程中，吸收了空气中的二氧化硫等物质，形成了酸性降水，就是酸雨。酸雨的危害非常大，不仅会腐蚀建筑物，还会给农作物带来伤害。

自来水

自来水是经过自来水厂净化、消毒后生产出来的生活用水。水的来源一般是江河湖泊里的水或者地下水，经过沉淀、消毒、过滤等工艺处理后，通过配水泵送到用户家中。

垃圾回收

生活中产生的剩饭剩菜、菜叶果皮等可以收集起来，堆肥处理以后可以成为肥料；废旧包装纸、报纸、杂志等也可以回收再利用，加工成卫生纸；饮料瓶、塑料瓶等垃圾，回收后也可以重新利用。